我的第一本
電磁學

沙達德·凱德—薩拉·費隆／文

愛德華·阿爾塔里巴／圖

朱慶琪／譯

三民書局

科學◦

我的第一本電磁學

文　　　字	沙達德・凱德—薩拉・費隆 (Sheddad Kaid–Salah Ferrón)
繪　　　圖	愛德華・阿爾塔里巴 (Eduard Altarriba)
譯　　　者	朱慶琪
責任編輯	朱君偉
美術編輯	黃顯喬

發 行 人	劉振強
出 版 者	三民書局股份有限公司
地　　　址	臺北市復興北路 386 號 (復北門市)
	臺北市重慶南路一段 61 號 (重南門市)
電　　　話	(02)25006600
網　　　址	三民網路書店 https://www.sanmin.com.tw

出版日期	初版一刷 2022 年 9 月
書籍編號	S330971
I S B N	978-957-14-7480-9

目 次

⚙ 本章有實驗

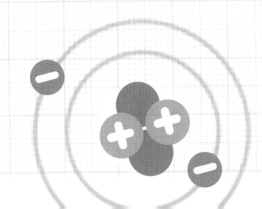

走進黑漆漆的房間，你摸著牆壁找開關，你知道按下開關的剎那，房間瞬間就會亮起來。

電與磁的現象無所不在，與我們的生活更是密不可分。

我們運用電磁原理，照亮房間與街道；食物可以用電磁爐來煮熟、用冰箱來儲存、用微波爐來加熱；我們看電視、玩遊戲、瀏覽網頁、用手機傳訊息、用耳機聽音樂……可以做的事情真是太多了！

不過，到底什麼是電？它跟磁鐵有什麼關係？而磁又是什麼？最不可思議的是，光與電磁竟然是同一回事！

本書將會一一解答，歡迎來到電磁學的奇幻世界！

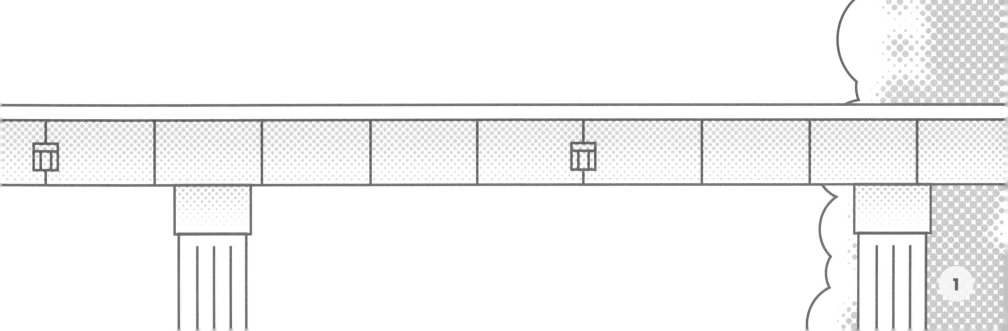

大約在 4,800 年前，古埃及人就知道了某些魚會利用放電來保護
自己，例如電鯰，這些魚被稱為「尼羅河的雷電使者」。

電的現象

其實在了解電是什麼以前，
人類早就熟悉了電的各種現象。

古代人們就知道，令人震懾的閃電，
其實是大氣中電的現象，儘管當時人
們還是以神話來解釋。

而西元前 600 年，古希臘哲學家賽利斯也注意到，毛皮摩擦過後的琥珀，竟能產生神祕的力量，隔空吸住碎麥稈。

琥珀是樹脂埋在地下後形成的化石，電的英文 electricity 就是琥珀的希臘文 elektron 演變而來。

我們將解釋這些現象的原理，並進一步說明 **電** 究竟是什麼。

同樣的道理，用塑膠梳子梳頭髮，梳過的頭髮竟然會被梳子吸引，神奇的「電力」產生了。

電荷

電荷是種物理性質，用來解釋電的現象。

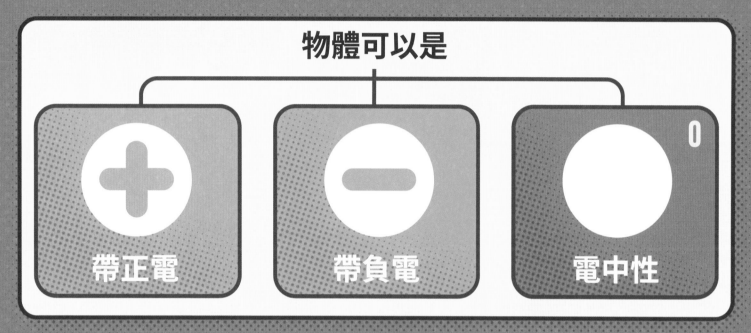

物體可以是

帶正電	帶負電	電中性

美國科學家**班傑明·富蘭克林** (1706-1790) 做了許多與電相關的實驗，他也是最早提出電荷概念的人。

接下來讓我們複製他的實驗，會使用到兩根玻璃棒、兩根塑膠棒（琥珀也可以）、一條絲綢手帕（以下簡稱手帕）。

 任取兩根棒子放在一起，什麼也不會發生。不過當我們用手帕來摩擦棒子後，看看會發生什麼事。

用手帕摩擦玻璃棒後，玻璃棒跟手帕會彼此吸引。

用手帕摩擦塑膠棒後，塑膠棒跟手帕也會彼此吸引。

用手帕摩擦兩根玻璃棒後，玻璃棒彼此會排斥。

同樣的，用手帕摩擦過後的兩根塑膠棒彼此也會排斥。

但是，用手帕摩擦過後的塑膠棒跟玻璃棒，卻會彼此吸引。

根據以上的實驗，
富蘭克林得出以下的結論：

電荷是種物理性質，能解釋電的相關現象。 | 電荷來自於原本是電中性物體，因為在我們摩擦棒子前，沒有電荷產生。

電荷有兩種：

正 ➕ | 負 ➖

電荷間彼此作用依循以下原則：

異性相吸

➕ ➡️⬅️ ➖

同性相斥

➕ ⬅️➡️ ➕ | ➖ ⬅️➡️ ➖

不過，在摩擦之前，玻璃棒、塑膠棒、絲綢手帕都沒有帶電荷，那麼電荷究竟從哪裡來？

原子與電荷

已知的所有物質都是 原子 組成的。

原子是非常小的粒子，至於組成原子的粒子：質子、中子跟電子，當然就更小了。

原子可以看成是組成所有物質的積木，小至一根頭髮、大到火星、或者是你的鼻子、呼吸的空氣，都是原子組成的。

電子
原子核
原子

質子 跟 中子 質量差不多，位於 原子核 內。

電子 非常輕，質量比質子、中子小 2,000 倍左右，在原子核外繞行。

原子非常非常小，有多小呢？一滴水裡竟然有多達 100,000,000,000,000,000,000,000 個原子。

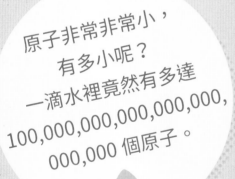

美國物理學家羅伯特‧密立肯 (1868-1953) 是第一個測得電子電量（也就是電荷基本單位量）的人。

他的實驗裝置長這樣！

我們說過，電性（是否帶電）是物質的基本特性，
有些物質帶電、有些不帶電。

不過要強調的是，剛剛提到的這些粒子，它們所帶的電荷是固定的，不會改變喔！

質子
帶正電

原子核

電子和質子的
電量相等、
電性相反

所以會互相吸引。

中子
中性不帶電
（所以才叫做「中」子）

電子
帶負電

e

電子所帶的電荷量是最小的電荷單位，
也就是基本電荷，以字母 "e" 來表示。

物體帶電時，其電荷量會是基本電荷的倍數，
例如：

$q = -2e$　　$q = +10e$　　$q = -1,000,000e$

"q" 指電荷量

極化

原子裡的電子數目跟質子數目一樣的話，就會是 `電中性` 。

若電子跟質子的數目不再相同時，稱為 `極化` 。

失去或得到電子的原子，會變成 `離子` 。

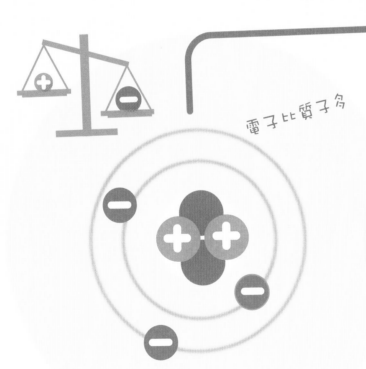

電子比質子多

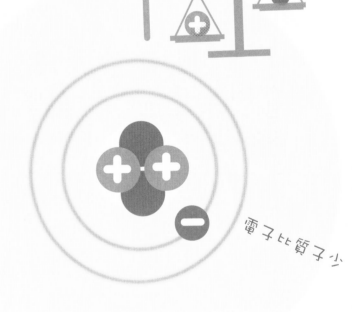

電子比質子少

獲得電子的原子會 `帶負電` ，稱為負離子 。

失去電子的原子會 `帶正電` ，稱為正離子 。

一旦我們知道電荷來自於原子，
就有機會了解實驗過程發生了什麼事：

用絲綢手帕摩擦玻璃棒後，有些電子從玻璃棒轉移到手帕上。

現在兩者都帶電，玻璃棒失去電子所以帶正電荷 $+q$；手帕得到電子 (從玻璃棒來的) 所以帶負電荷 $-q$。

然而，用手帕摩擦塑膠棒時，電子反而是從手帕轉移到塑膠棒，所以手帕就帶正電荷 $+q$；塑膠棒帶負電荷 $-q$。

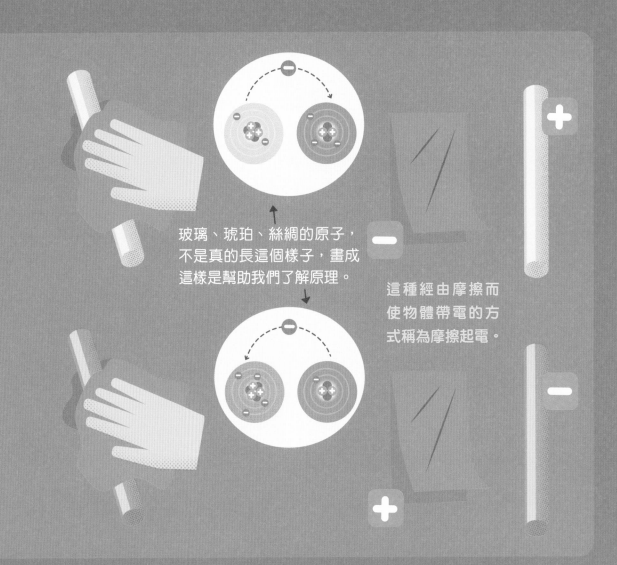

玻璃、琥珀、絲綢的原子，不是真的長這個樣子，畫成這樣是幫助我們了解原理。

這種經由摩擦而使物體帶電的方式稱為摩擦起電。

導體與絕緣體

有些物質中的電子可以自由移動，比如金屬，這類物質稱為導體。

然而有些物質中的電子被原子抓得牢牢地，沒法子自由移動，比如木材、塑膠，這類的物質就稱為絕緣體。

並非所有的電子都可以在物質中自由移動。

電荷守恆！

我們已經知道原子中有相同數目的電子和質子，所以原子是**電中性**的。

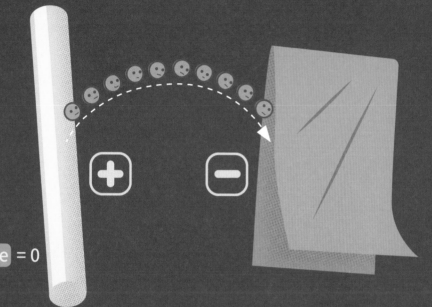

如果從某個物體（例如實驗中的玻璃棒）拿走 10 個電子，這個物體就 帶正電 ，帶的電荷數為 q = +10e 。

至於那些被拿走的電子去哪兒了？它們因為摩擦的緣故從玻璃棒跑到手帕上了，所以現在手帕 帶負電 ，帶的電荷數為 q = –10e 。

總電荷數 q = 玻璃上的電荷數 q + 手帕上的電荷數 q = +10e + –10e = 0

電荷守恆定律

極化作用的過程中，電子與質子的總數不變，我們只是將它們分開來。

電荷不會無中生有、也不會憑空消失，稱為電荷守恆定律。

從以上的實驗結果，富蘭克林歸納出電荷守恆定律。

一般而言，物質均為電中性，但是兩個不同物體互相摩擦時，部分的電子會從一個物體轉移到另一個物體上，於是失去電子的物體帶正電，得到電子的物體帶負電，兩者摩擦起電後，會帶等量的異性電荷。

這條定律是宇宙的基本守恆律之一，非常重要。

雷神索爾正在
計算電荷

我們的世界是電中性的，也就是擁有相同數量的正電荷與負電荷：
假如把正電荷的數目減掉負電荷的數目，結果一定是零。

驗電器

驗電器可以用來檢測物體帶不帶電。

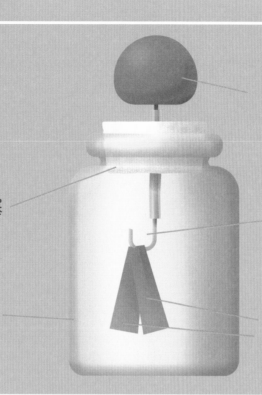

頂端金屬球跟瓶身絕緣

絕緣材料做成的瓶塞

金屬導桿

玻璃瓶

金屬箔,沒有電荷時兩片會貼在一起。

接觸起電

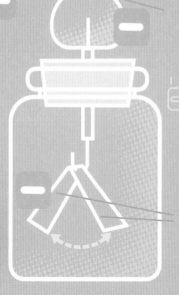

帶負電的塑膠棒(也可以用氣球代替)

用毛衣摩擦過後就可以帶電,毛衣的效果比絲綢更好。

用帶電的物體碰觸頂端金屬球,部分電荷會轉移到金屬球上。

於是金屬球與下方的金屬箔都會帶電,

兩片金屬箔因為帶同性電所以相斥而張開。

當帶電的物體移開時,驗電瓶依然帶有電荷。不過當我們用某個電中性的物體去碰觸金屬球時,驗電瓶中的電荷中和變回電中性,這時金屬箔就會恢復貼在一起的樣子。

感應起電

這次我們不碰觸金屬球,只是拿帶負電的塑膠棒靠近它,兩片金屬箔也會張開。

因為棒子沒有碰到金屬球,所以沒有任何電荷轉移到金屬球上,因此金屬箔上的電荷是因為感應起電產生的。

原因是當帶負電的塑膠棒靠近金屬球時,會排斥同樣帶負電的自由電子往下跑。

於是失去電子的金屬球就帶正電,而下方獲得電子的金屬箔片就因為帶負電相斥而張開了。

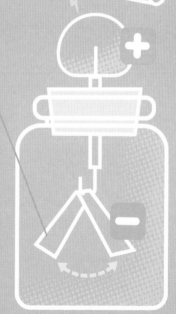

一旦移開帶負電的塑膠棒後,電子重新均勻分布到整個導體,一切就恢復原來的樣子,金屬箔也再度貼合。

自製驗電瓶

打造自己的驗電瓶！

準備材料

玻璃罐 1 個

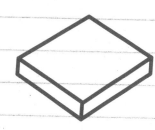
保麗龍

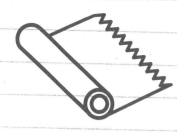
鋁箔紙

導線
（可以找一段電線，把兩端的絕緣包覆層去除）

① 把保麗龍切割成玻璃罐瓶口大小，恰好塞住瓶口。

② 剪兩片鋁箔製作驗電瓶下方的金屬葉片。

③ 再剪一大片鋁箔紙揉成球形。

④ 將導線穿過保麗龍瓶塞。

⑤ 導線下端捲成勾勾，將鋁箔紙做成的葉片掛上去。

⑥ 把鋁箔球固定在導線上端。

⑦ 放進玻璃瓶固定。

驗電瓶做好了！

來玩靜電遊戲

用氣球做實驗

以下的實驗開始前，都要用氣球摩擦頭髮，
讓氣球上帶有負電。

吸頭髮

把帶電的氣球靠近頭髮，頭髮被氣球吸過去，頭髮也一根根分開了。

吸紙片

把帶電的氣球靠近桌上的碎紙片，紙片被氣球吸住了。

測靜電

把帶電的氣球靠近驗電瓶上方的鋁箔紙球，驗電瓶下方的葉片就會張開；假如把帶電的氣球接觸鋁箔紙球，驗電瓶下方的葉片就會持續張開著，因為電荷跑到驗電瓶的葉片上了。

電荷間的靜電力

研究電的法國科學家庫倫 (1736-1806)。

庫倫發現沿著兩電荷間的連線，電荷間會產生吸引或排斥的作用力，稱為「靜電力」。

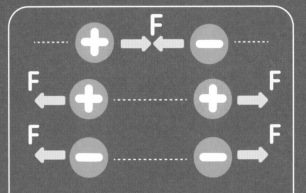

電荷若同性，則靜電力為相斥力。電荷若異性，則靜電力為吸引力。

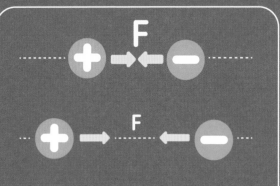

電荷近靜電力大，電荷遠靜電力小。

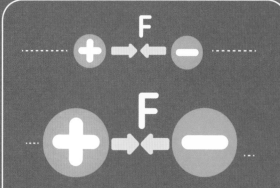

電荷少靜電力小，電荷多靜電力大。

電場

電荷間不需要接觸就有靜電力？！這個過程實在很難想像，也許透過電場的概念來解釋是個不錯的方法。想像電荷在它周圍製造出一個影響範圍，任何其他的電荷進到這個範圍內就會受到靜電力。這個範圍我們就稱為電場，符號是 E。

電場可以用電力線來表示：

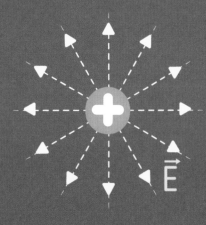

正電荷的電力線向外，

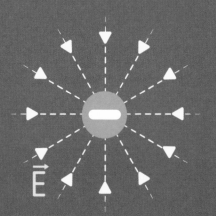

負電荷的電力線向內。

電流

電荷移動就形成電流。

導體中移動的通常是 自由電子 ，要驅使它們移動，必須有推力或拉力。

既然電荷同性相斥異性相吸，

假如我們想移動導線中的電子，只要把線的一端放上正電、另一端放上負電。

這樣一來，帶負電的電子被正電端吸引、被負電端排斥，就會在導線中開始移動，我們就造出電流了！

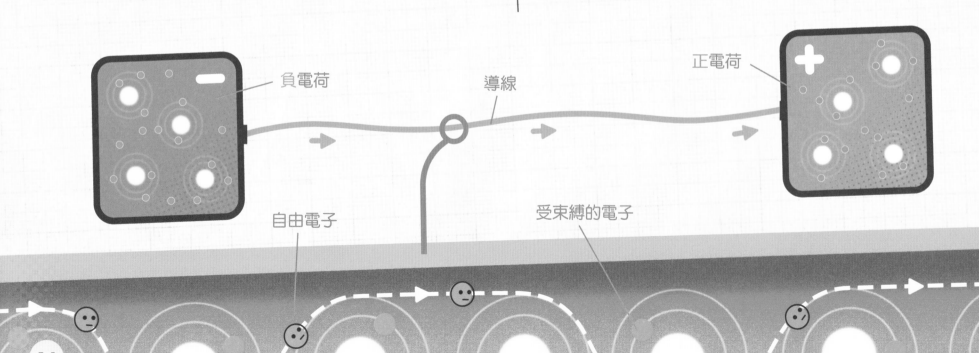

負電荷

導線

正電荷

自由電子

受束縛的電子

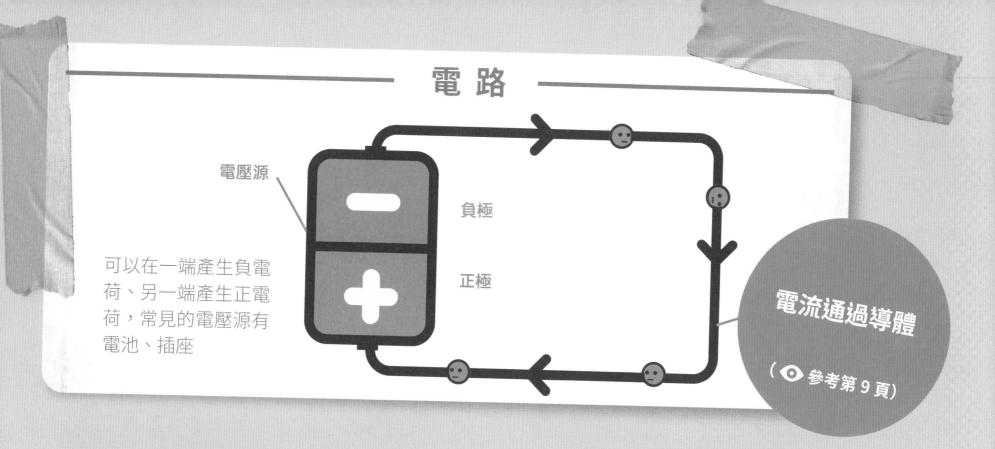

電路

電壓源

可以在一端產生負電荷、另一端產生正電荷，常見的電壓源有電池、插座

負極

正極

電流通過導體

（ ◉ 參考第 9 頁 ）

電壓（電位）

有電壓才能形成電流

當兩端的電荷數變多，電子被正電吸引、負電排斥的力變大，
電子就跑得更快，電流也就更大。

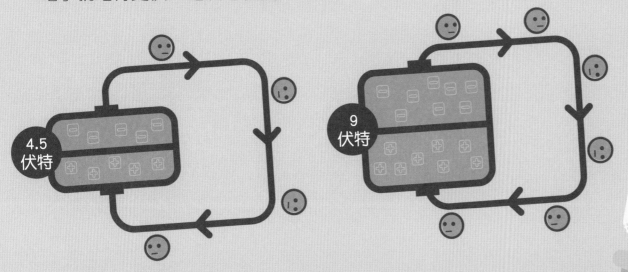

4.5
伏特

9
伏特

插座的電壓很大，
千萬別將手指頭
伸進去！

當兩端的電荷數越多，電壓就越大，
電子得到的能量也越多（電流越大）。

電池

電池在現代生活中隨處可見,手機、手電筒、汽車裡都可以發現它的身影。有大有小、有不同的種類,我們靠它來取得電能。

電池將儲存的化學能轉換成電能供我們使用

電化電池用化學反應來產生電能

製造電化電池需要兩種金屬,例如銅 (Cu)、鋁 (Al),再加上導電的液體電解液,例如食鹽水。

用導線把兩片金屬板接起來,鋁 (Al) 板的電子會通過導線跑到銅 (Cu) 板上,電子再從電解液跑回鋁 (Al) 板,形成完整的電迴路。

電子在兩金屬間的移動形成了電流。

有些電池的結構是用許多的電化電池堆疊而成;

有些則是單一電化電池,設計上較為複雜。

自製電池

西元 1800 年，伏打做出第一個電池：伏打電池。他將銅片鋅片交錯堆疊，中間夾著浸過食鹽水的濕紙片，再把上下兩片金屬接通後，電流就產生了。

準備材料

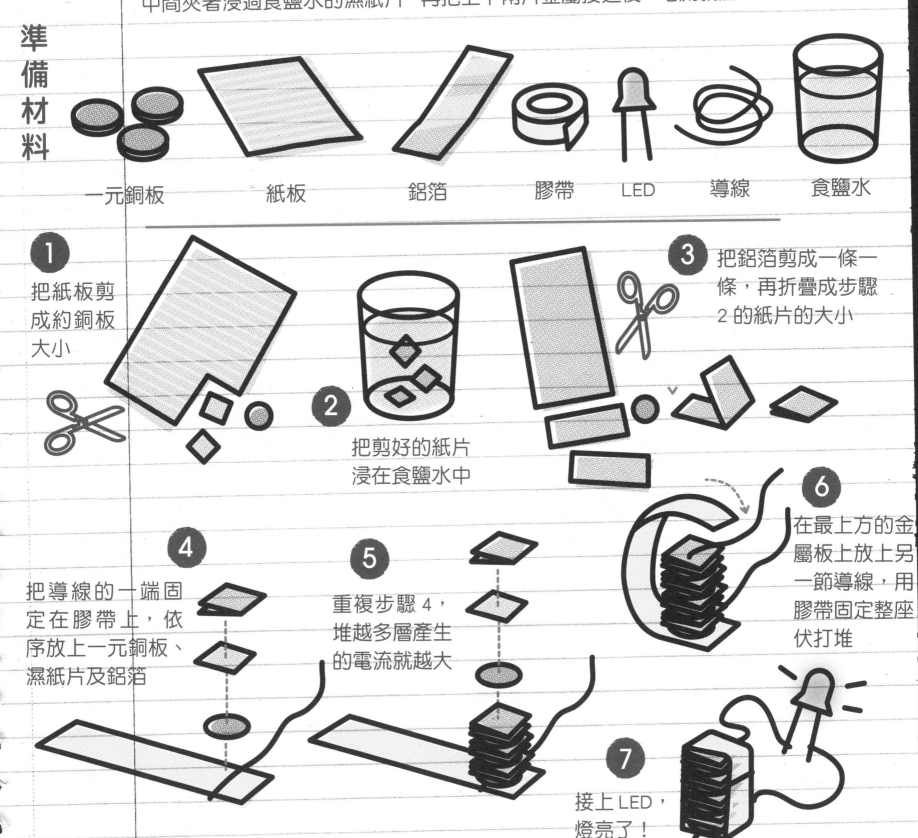

一元銅板　　紙板　　鋁箔　　膠帶　　LED　　導線　　食鹽水

1 把紙板剪成約銅板大小

2 把剪好的紙片浸在食鹽水中

3 把鋁箔剪成一條一條，再折疊成步驟 2 的紙片的大小

4 把導線的一端固定在膠帶上，依序放上一元銅板、濕紙片及鋁箔

5 重複步驟 4，堆越多層產生的電流就越大

6 在最上方的金屬板上放上另一節導線，用膠帶固定整座伏打堆

7 接上 LED，燈亮了！

磁學

有些物質能展現磁的相吸或相斥現象。

你一定玩過磁鐵，

磁鐵不需要接觸，
就可以吸住鐵這類物質
（鐵磁性物質）。

天然磁石

早在西元前 800 年，人們就發現古希臘的 Magnesia 這個地方的某種岩石能吸鐵（這也是「磁」magnetism 這個字的由來），他們把這種岩石叫做磁石，可從當地富藏的磁鐵礦中提煉出來。

古希臘哲學家賽利斯（西元前 624-546，⊙ 參考第 3 頁）不但研究電學，也研究磁的現象。

磁鐵

磁鐵有一個 南極 、一個 北極

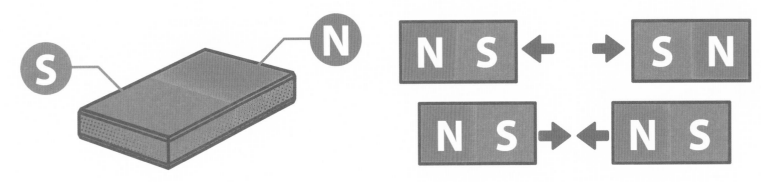

兩個磁鐵越近、磁力越強。

同性的磁極靠近時會相斥；異性的磁極靠近時會相吸。

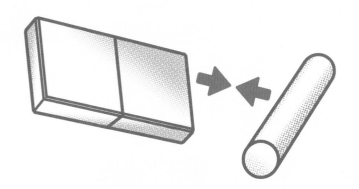

不管磁鐵的南極還是北極靠近鐵棒，都會吸引它。

被磁鐵吸過的鐵棒會產生暫時的磁性，也可以吸住迴紋針、縫衣針等。

我們已經知道電荷可以是正的或負的，

然而磁鐵卻不能單獨只有南極或只有北極，南北極一定要同時存在。

於是產生了以下的奇妙現象：就算我們將磁鐵不斷地切兩半，新的磁鐵還是有自己的南北極。

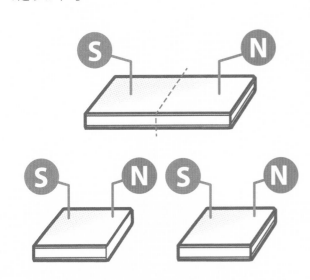

磁鐵的磁場

 ## 用鐵粉做「看見磁力線」的實驗

鐵粉是微小的鐵屑。

▶ 在紙上均勻地撒上鐵粉。

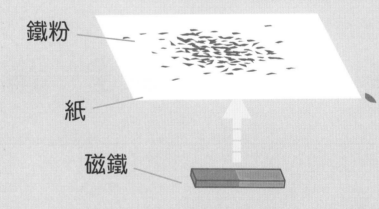

鐵粉

紙

磁鐵

▶ 把磁鐵放到紙下方，奇妙的事情
發生了。

▶ 鐵粉排列成這樣的形狀。

S

鐵粉形成的線條可以理解
為磁場的磁力線。

鐵粉排列出來的「磁力
線」讓我們可以想像磁
力作用的情形。

磁力線密的地方磁
場 (B) 強；磁力線
疏的地方磁場弱。

N

磁力線從 N 極發
出，進入 S 極。

S N

磁場的分布情形可以用磁力線來表
示，磁鐵形成的磁場不但會對其他磁
鐵產生磁力，也會對運動中的電荷產
生作用力喔！

磁鐵在它的周圍形成 磁場，

用英文字母 B 來代表。

地球是個大磁鐵

地球內部的成分與結構產生了地球磁場。

就像所有磁鐵一樣，地球磁場也有南極跟北極之分，它們的位置接近地理北極與南極。

地球的外地核是鐵跟鎳組成的高溫流體，這些流體轉動時形成的電流會產生磁場（◉ 參考第 30 頁）。

指南針

指南針就是個小磁鐵，在磁場中會順著磁場的方向排列。所以指南針的北極總會指向地球的磁北極；指南針的南極總會指向地球的磁南極。

人們就是利用這個特性來指引方向，

中國古代的水手靠指南針來導航。

不只是地球磁場，我們也可以用指南針來測量任何磁場的方向。指南針靠近磁鐵時，指針就會旋轉到磁場的方向，你可以拿指南針靠近手機或平板電腦試試看（通常這些裝置內部都有磁鐵）。

地磁北極

地理北極

雖然我們叫這個地方「地磁北極」，但是它對應的其實是地球磁鐵的「南極」，你可以看見磁力線是進入這個地區的。

因此當我們身在南極或北極時，如果想用指南針來確定方位，會特別困難：指南針的指針會因為磁力線匯聚而難以穩定。

西元 1600 年，威廉·吉伯特 (1544-1603) 發現：地球是個大磁鐵，它的磁極與地理南北極很接近。

地磁北極移動中！

雖然地球磁場已經存在了 34 億年，不過地磁北極的位置並非固定不變，地球內部金屬流體的運動，讓地磁北極的位置慢慢在移動。

聽起來可能有點奇怪，地球磁場每隔一段時間就會反轉，這件事未來還是會發生。不過倒是不需要太擔心，這還要很久很久以後。

地球磁場是我們的防護罩

地球磁場在地球周圍形成保護罩，保護我們不受太陽風（來自太陽的一大群高能帶電粒子）的衝擊，也保護我們避免宇宙射線的傷害，這些輻射是極高能量的粒子，以近乎光速衝向地球。

要是少了這個防護罩，我們的生活一定極度艱難……

電生磁

丹麥物理學家兼化學家厄斯特 (1777-1851) 發現，原來電與磁不是獨立的現象，彼此間竟然密切相關。

1820 年，他做了這個重要的實驗：

　　導線接上電池，把指南針放在導線附近；

　　當電路導通，他發現指南針的指針偏轉到垂直導線的方向。

所以這個實驗表明，電流通過導體會產生磁場。

沒有電流通過導線，指針指向北極；

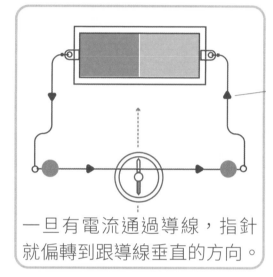

電子的流動方向

一旦有電流通過導線，指針就偏轉到跟導線垂直的方向。

厄斯特證實了電與磁的相關性。

當時人們普遍認為電是電、磁是磁，是兩種截然不同的自然現象。

電磁學誕生了！

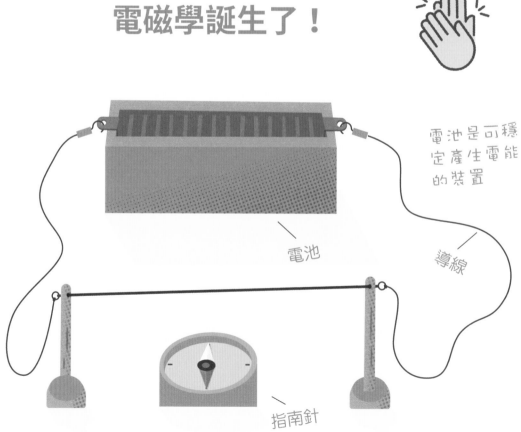

電池是可穩定產生電能的裝置

電池

導線

指南針

法國物理學家兼數學家安培 (1775-1836)
知道了厄斯特的實驗後,就對電與磁之
間的關聯產生了濃厚的興趣,於是著手
開始研究。

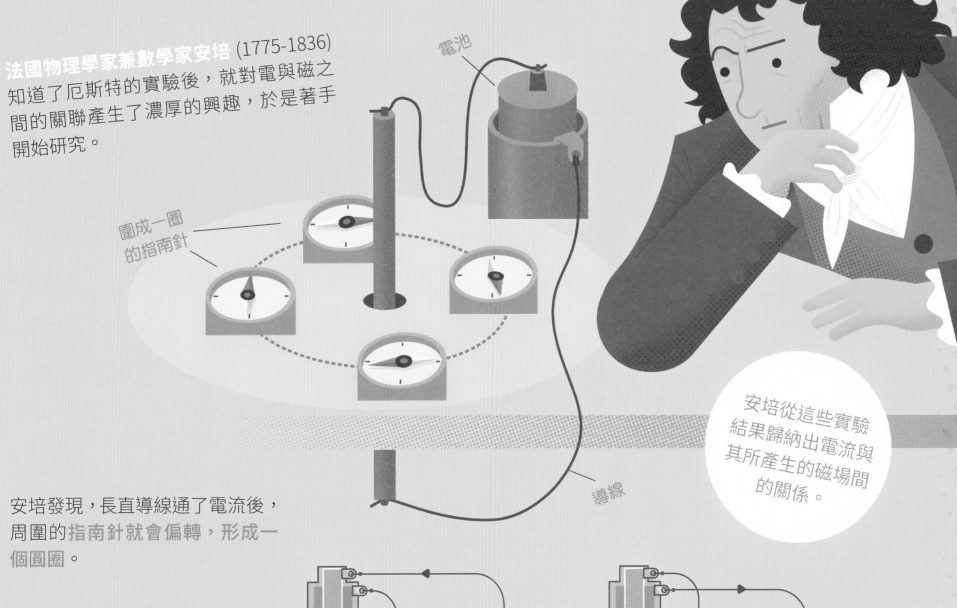

電池

圍成一圈
的指南針

導線

安培從這些實驗
結果歸納出電流與
其所產生的磁場間
的關係。

安培發現,長直導線通了電流後,
周圍的指南針就會偏轉,形成一
個圓圈。

換句話說,通了電流後的長直導
線在它周圍造出磁場,磁場讓指
南針偏轉,磁力線是繞著導線的
同心圓形狀。

安培也發現,如果把導線接到電
池的正負極反接,也就是電流反
向後,指南針的排列也會反轉(見
右圖,從順時針變成逆時針)。

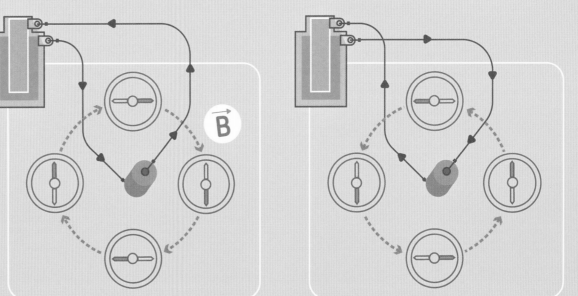

別忘了電流其實就是運動中的電荷,所以我們可以說:

運動中的電荷產生磁場。

電磁鐵

現在我們知道了可以用電來產生磁場，

電磁鐵就是用電流製造出的磁鐵。

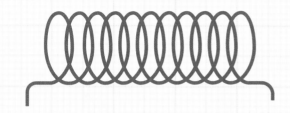

把導線繞很多圈，捲成像彈簧的形狀，
我們叫做螺線管。

電流通過螺線管會發生什麼事呢？

**我們會造出磁場，
它的磁力線跟天然磁鐵很接近，
這就是電磁鐵。**

讓我們重複厄斯特的實驗，但是這一
次把導線捲成圈圈的形狀，這時產生
的磁力線會像這樣。

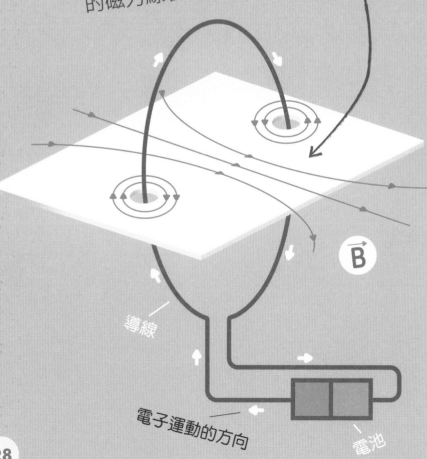

導線

電子運動的方向

電池

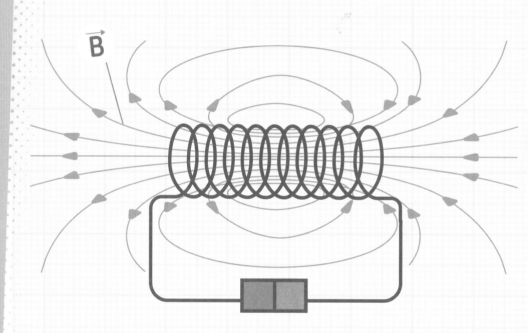

B

通過的電流越大
磁力越強

當然囉，切斷電流就沒有任何磁力了。

假如我們把鐵棒放進螺線管中通上電流，你會發現鐵棒被磁化了，
電磁鐵的磁力也變得更強。

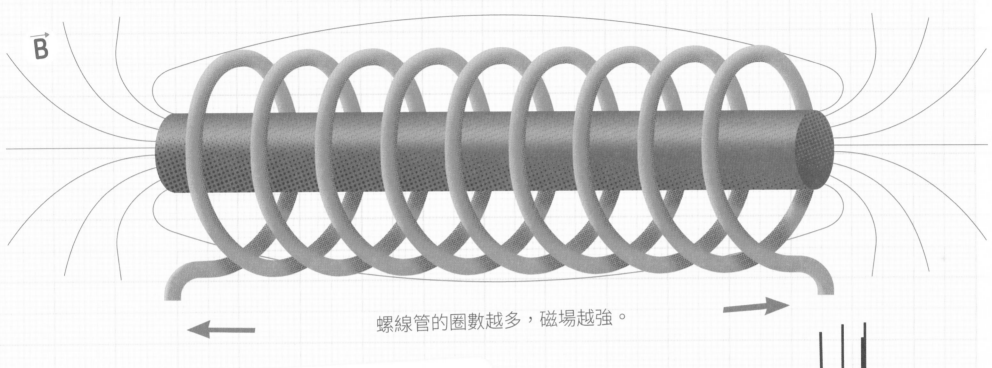

螺線管的圈數越多，磁場越強。

電磁鐵的好處是，我們可以藉由調整電流大小快速改變磁場強度。很多電子產品中都有電磁鐵，包括發電機、喇叭、硬碟等，不勝枚舉。

電磁鐵也用來吸附、搬運重量很重的金屬廢料，例如鐵材、鋼材等，也可以用來移動時速高達 600 公里的磁浮列車！

藉由增加螺線管的圈數，或者加大通過螺線管的電流，我們可以造出比天然磁鐵更強大的電磁鐵。

甜甜圈形狀的電磁鐵

甜甜圈形狀的電磁鐵

馬達

很多東西裡
都有馬達。

馬達把電能變成轉動動能

我們已經知道，螺線管通電流以後就會變成電磁鐵。

假如把電磁鐵裝上轉軸（像圖1右邊的磁鐵），當另一個磁鐵的 N 極靠近電磁鐵的 N 極時，因為同性相斥，電磁鐵會旋轉成圖2的樣子。

這時候如果我們改變電磁鐵的電流方向，電磁鐵的磁性就會反過來，於是原來 NS 相吸的兩極，就變成 SS 相斥（圖3），藉由重複這樣的過程，我們就可以讓電磁鐵**不停旋轉**。

線圈

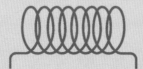 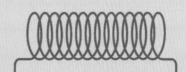 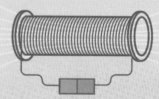

螺線管的線圈數越多，磁場越大。

所謂的線圈是排列非常緊密的螺線管，它的內部可以是空心的，

也可以放進鐵磁性物質來讓磁場更強。馬達當中的電磁鐵通常都用線圈來製作。

⚙ 自製馬達

準備材料

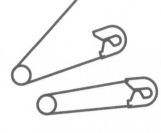
別針 2 個

漆包線若干

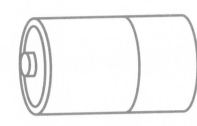
1 號電池

膠帶

磁鐵

---

② 取下線圈

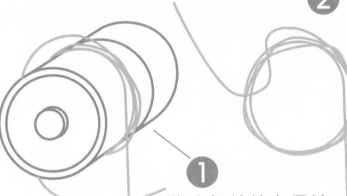

① 將漆包線繞在電池上變成線圈的樣子，頭尾各留幾公分

③ 把兩端纏繞在線圈上固定，做成這個樣子

用刀或剪刀刮

④ 把兩端漆包線上的絕緣層刮掉

⑥ 把線圈兩端塞進別針中，注意，剛剛刮掉絕緣層露出的金屬端，一定要接觸到別針

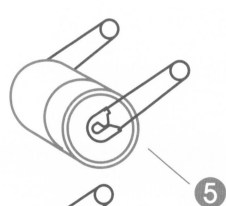

⑤ 別針放在電池兩側，用膠帶固定

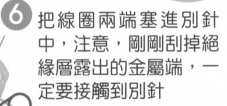

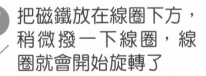
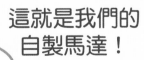
⑦ 把磁鐵放在線圈下方，稍微撥一下線圈，線圈就會開始旋轉了

這就是我們的自製馬達！

為什麼某些物質有磁性？

原子中的電子繞著原子核旋轉形成了電流，
這些微小的電流造出了很小的磁場。

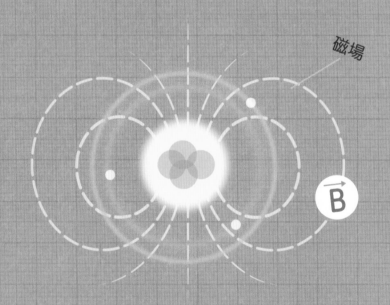

磁場

$\vec{B}$

因此原子就像個
小磁鐵

磁鐵內部可以看作是許多微小電流的集合，
這個想法是安培提出來的。

我們知道把磁鐵一分為二，會得到兩個小磁鐵，分別都有自己的 N 極跟 S 極。假如不斷地分割磁鐵，我們就會得到很多越來越小的磁鐵，它們的磁力也越來越弱。

但到底能分割到什麼程度呢？分到最後會是原子，所以可以說原子本身就是個小磁鐵。

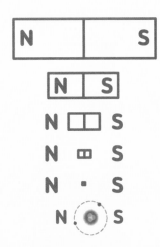

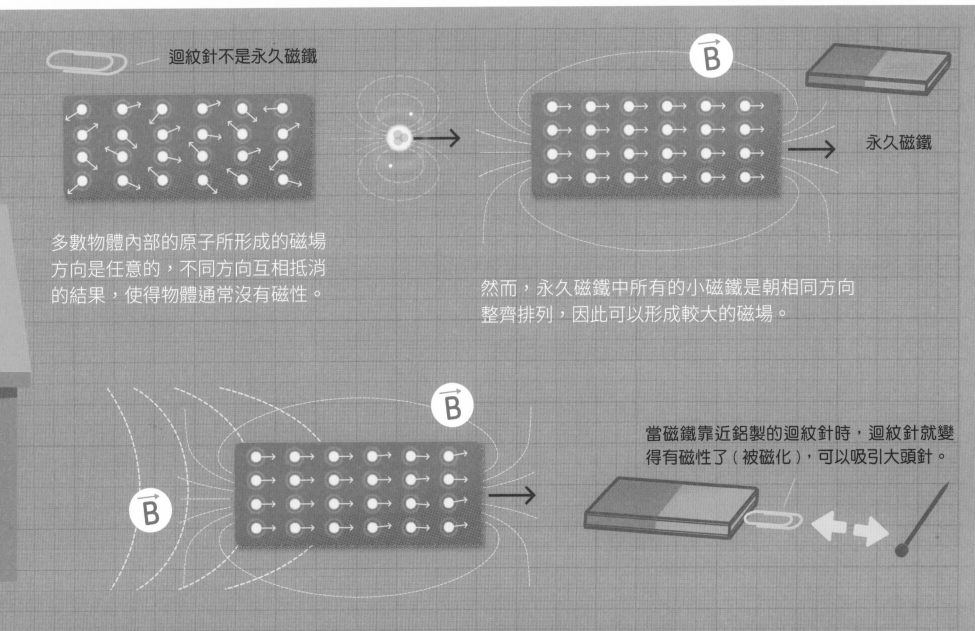

迴紋針不是永久磁鐵

永久磁鐵

多數物體內部的原子所形成的磁場方向是任意的，不同方向互相抵消的結果，使得物體通常沒有磁性。

然而，永久磁鐵中所有的小磁鐵是朝相同方向整齊排列，因此可以形成較大的磁場。

當磁鐵靠近鋁製的迴紋針時，迴紋針就變得有磁性了（被磁化），可以吸引大頭針。

當磁鐵靠近像鋁這類的物質時，鋁會變得有磁性，原因是鋁內部的小磁鐵開始整齊排列。但是當磁鐵移開之後，內部的小磁鐵又恢復混亂，磁性也消失了。

磁生電

法拉第（1777-1851），英國物理學家，他的專長正是電磁學。

法拉第想，在厄斯特的實驗中，電流會產生磁場，那反過來，有沒有可能磁場會產生電流呢？

螺線管　　　　　　　　　　　　　　　磁鐵

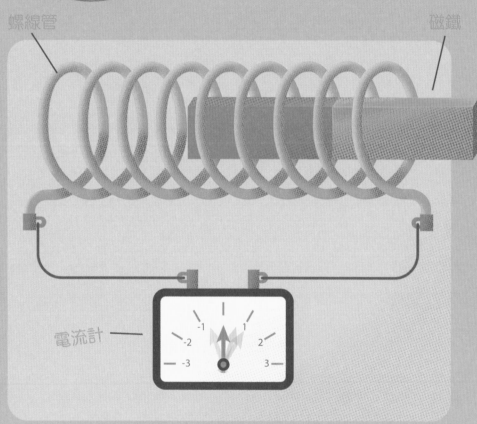

移動磁鐵

電流計

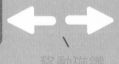

法拉第想驗證自己的想法是否正確，於是在 1830 年設計了一個實驗，果真有了重大發現。

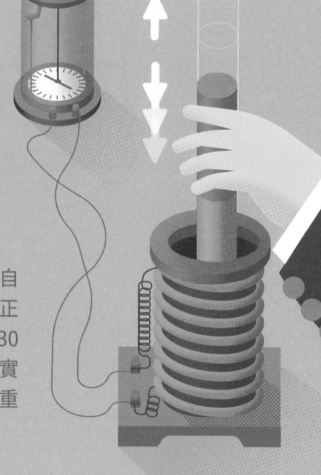

 他發現當磁鐵**靠近**螺線管時，電流計上顯示有電流產生。

 當磁鐵**遠離**時，電流計上也會顯示電流，只是方向相反。

 假如磁鐵不動，電流就消失了！

 換個方式，這次讓磁鐵保持不動，前後移動螺線管，實驗結果也一樣。所以不管我們移動的是螺線管還是磁鐵，只要兩者有**相對運動**，就會產生電流。

**而且移動越快
電流越大。**

從這個簡單的實驗，
法拉第發現了

電磁感應

改變通過螺線管的磁場大小或方向（例如移動磁鐵），螺線管就會產生電流。

1830 年，美國物理學家**亨利**（1797-1878），也就是電報機的發明人，他也發現了電磁感應現象。只不過他發表的時間比法拉第晚，所以電磁感應的發現就歸功於法拉第了。

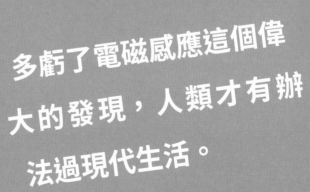

多虧了電磁感應這個偉大的發現，人類才有辦法過現代生活。

發電

我們每天的生活都需要用電,從 250 年前人類知道如何發電以來,電的需求量就持續攀升。

人們靠發電來提供電能,發電的主要原理就是法拉第的電磁感應。

發電機

發電機是利用電磁感應原理,把轉動動能轉換成電能的裝置。

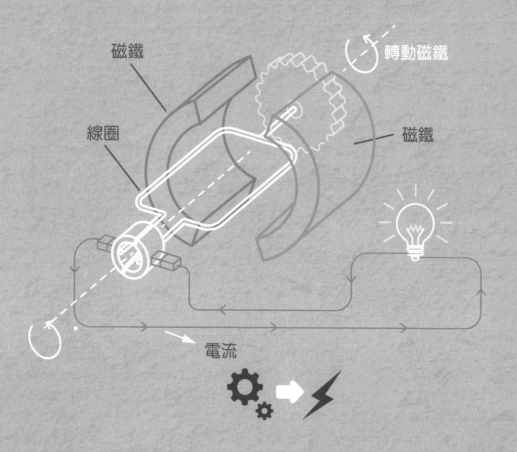

磁鐵

轉動磁鐵

線圈

磁鐵

電流

如果我們旋轉放在磁場中的線圈,就像法拉第的實驗一樣,線圈上就會產生電流。

還記得嗎?不管我們轉的是線圈還是磁鐵,都能產生電流,重點是有相對運動。

葉片

發電機

風力發電機 利用風能驅動葉片旋轉來發電。

水力發電廠利用水力推動渦輪機轉動來發電。

水

渦輪機

水壩

為了讓渦輪機旋轉，人們建造了各種電廠來發電。
但它們都有個相同的設計：讓線圈在磁場中旋轉來產生電流。

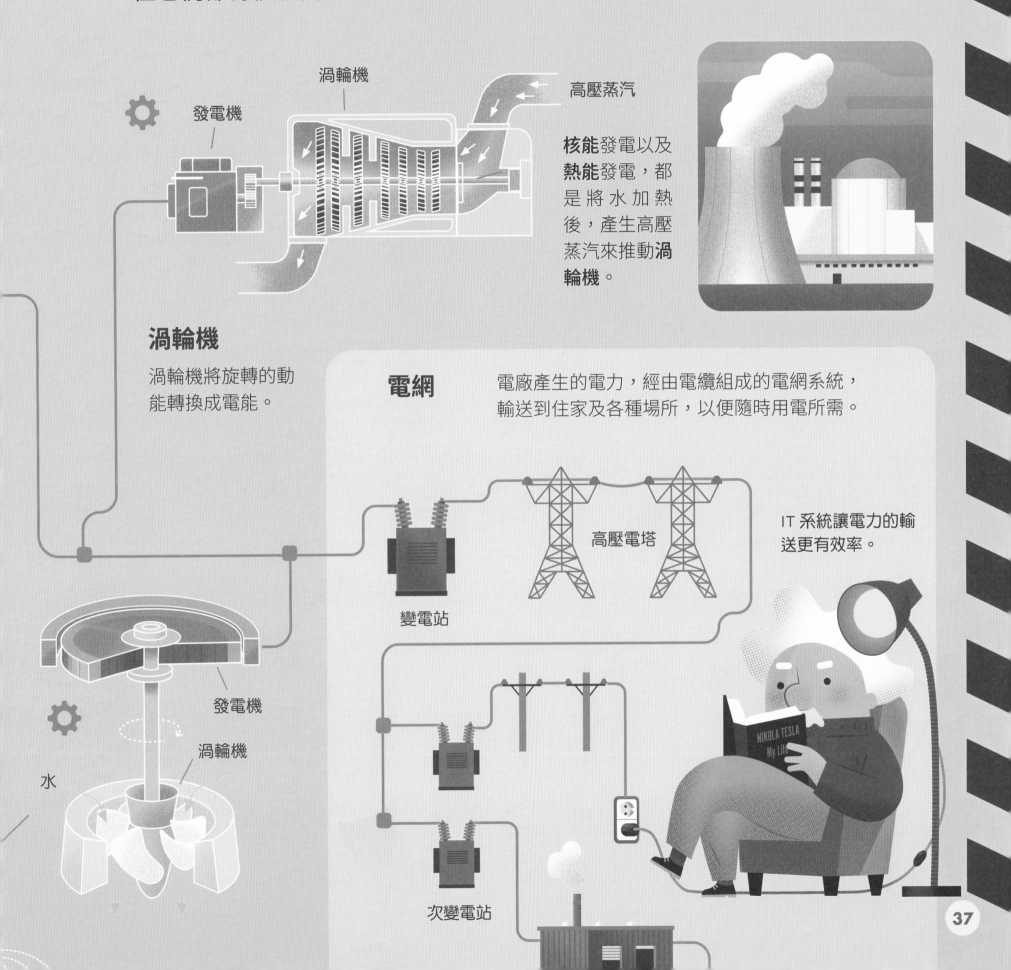

渦輪機

高壓蒸汽

發電機

核能發電以及**熱能**發電，都是將水加熱後，產生高壓蒸汽來推動**渦輪機**。

渦輪機

渦輪機將旋轉的動能轉換成電能。

電網

電廠產生的電力，經由電纜組成的電網系統，輸送到住家及各種場所，以便隨時用電所需。

高壓電塔

變電站

IT 系統讓電力的輸送更有效率。

發電機

渦輪機

水

NIKOLA TESLA
My Life

次變電站

場

19 世紀的物理學家們，對於電力、磁力表現出的「超距作用」，感到非常困惑：為什麼電荷間不需要接觸就能夠吸引或排斥？為什麼磁鐵不需要碰到鐵屑就能夠移動它？他們希望能找到答案。

法拉第想到了個好點子：電荷間彼此的靜電力，或者磁鐵彼此的磁力，都可以用電力線及磁力線來代表，這就是「場」的概念。

磁鐵造出磁場 $\vec{B}$
當另一個磁鐵進入磁場時，
就會受到磁力作用。

磁場比較弱

沒什麼感覺

磁場比較強

電荷造出電場 $\vec{E}$
當另一個電荷進入電場時，
就會受到靜電力作用。

同性相斥

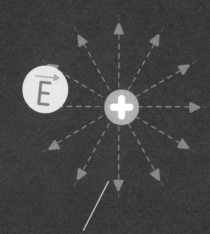

異性相吸

負電荷的電力線向內集中。

我們用電力線來表示電場。

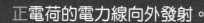

正電荷的電力線向外發射。

38

電場和磁場，就是電荷和磁鐵發揮影響力的範圍。

法拉第提出「場」的概念時大家並不重視（即使後來證明，「場」是近代物理發展過程中非常重要的概念）。

法拉第來自一個貧窮的家庭，沒有機會受良好的教育。就因為如此，雖然他有非常敏銳的直覺，但是欠缺數學訓練的結果，使得他沒有辦法完成電與磁的整合。

👉 直到馬克士威 (1831-1879) 才立下電磁整合的里程碑

馬克士威，蘇格蘭人，一位傑出的物理學家與數學家，他相當重視法拉第的想法。藉由自身傑出的數學能力，他整合了當時的所有實驗結果，包括電荷間的作用、磁的現象，厄斯特的發現、法拉第的實驗等，寫下了四個馬克士威方程式。

這組方程式的基本架構就是場的概念，電與磁終於整合成物理學的重要分支：

電磁學

強大的馬克士威定律利用電場 $\vec{E}$ 跟磁場 $\vec{B}$ 的概念，解釋了所有的電磁現象！

電磁波

馬克士威整合電磁現象時，意外發現這四個方程式竟暗示了電磁波的存在！

什麼是波？

波傳遞能量但**不**傳遞物質

例如：
將小石頭丟進池塘裡，
水面會產生漣漪。

波長：兩波峰間的距離

波傳遞的方向

振幅

頻率：波振動的快慢

同樣地，當我們抖動繩子時，能量則會以繩波的形式傳遞出去。

繩子哪也沒去，但是能量卻傳過去了。

電磁波也是一樣的道理，但是跟水波、繩波產生的方式不太一樣。

將一個電荷（例如電子）像右圖這樣子上下震盪，電荷就會在周圍形成變動的電場；
而變動的電場又繼續形成了變動的磁場；

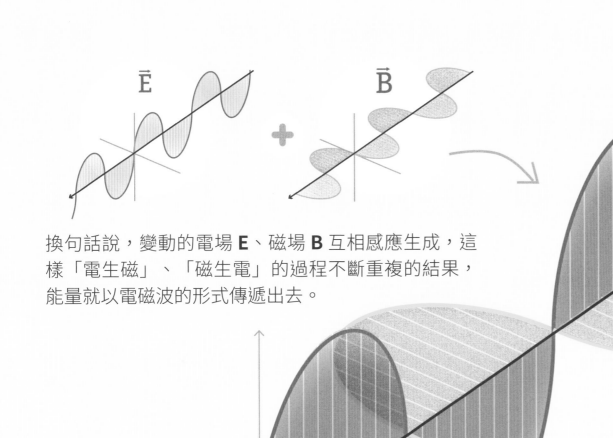

$\vec{E}$ + $\vec{B}$

換句話說，變動的電場 **E**、磁場 **B** 互相感應生成，這樣「電生磁」、「磁生電」的過程不斷重複的結果，能量就以電磁波的形式傳遞出去。

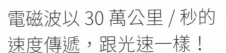

電磁波以 30 萬公里 / 秒的速度傳遞，跟光速一樣！

馬克士威認為這應該不是巧合，他猜想光應該是某種形式的電磁波。

光 就是電磁波

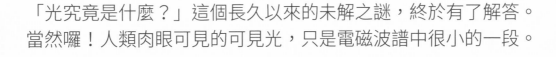

「光究竟是什麼？」這個長久以來的未解之謎，終於有了解答。當然囉！人類肉眼可見的可見光，只是電磁波譜中很小的一段。

下一頁我們就會解釋電磁波譜是什麼。

電磁波譜

將不同波長的電磁波依序排列就是電磁波譜

波速相同時，波長越短、頻率越高（振動越快），傳遞的能量越多；反之，波長越長、頻率越低（振動越慢），傳遞的能量越少。

船行駛在振動較慢的海面上會較平穩。

電磁波也是一樣：有的波長短、振動快、能量高，例如伽瑪射線；有的波長長、振動慢、能量低，例如無線電波。

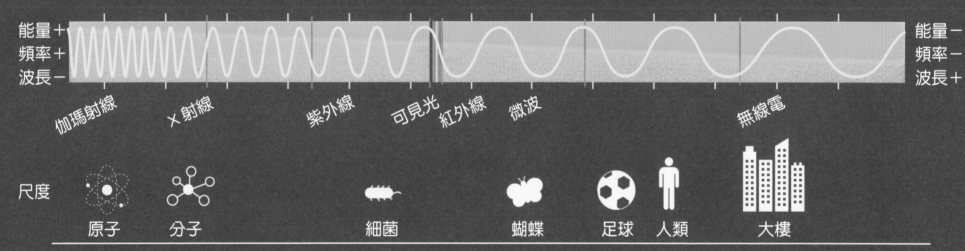

能量＋　　　　　　　　　　　　　　　　　　　　　　　　能量－
頻率＋　　　　　　　　　　　　　　　　　　　　　　　　頻率－
波長－　　　　　　　　　　　　　　　　　　　　　　　　波長＋

伽瑪射線　　X射線　　紫外線　可見光　紅外線　微波　　　無線電

尺度　　原子　　分子　　　　細菌　　蝴蝶　足球　人類　大樓

許多科技產品，原理都不外乎是製造及接收電磁波。

例如：　　　　　　▶　在錄音室或攝影棚　　▶　接著用電磁波將影　　▶　最後接收器接收了這些訊號後，
廣播、電視、衛星　　　裡產製影音資訊，　　　音訊號廣播出去，　　　再將它們還原回影音格式。

電磁波還可以用來加熱食物（微波爐）、通訊（手機）、GPS定位、產生X ray、遙控（紅外線）……等許多用途。

我們都是電磁現象？

世間萬物都是原子組成的，不管是空氣、土壤、水、金屬、岩石、書本、植物、動物（包括我們自己）。這也表示，所有東西都是電磁現象的作用。

當我們「碰觸」東西時，其實是感覺到我的原子與對方原子之間的排斥力。

所以嚴格說起來，我們從來沒有真的「碰觸」到任何東西。

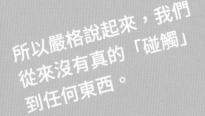

想想看：好險有了電磁作用，讓我們抱貓咪時，不用真的「碰觸」到牠。

雖然我們總是把原子畫成這樣，但這只是為了理解方便。真實的原子核與電子非常小，相對的距離也非常遠。

事實上原子非常「空」，拜電磁作用所賜，電子才能繞著原子核轉。

原子非常「空」！

所有東西也非常「空」（包括我們自己）！

意思是……

假如電磁力不存在……
少了電磁力，我們將沒入牆壁、沉入地面，誰也救不回。
原子也不復存在，這個宇宙將會完全不同！

Bye

致謝

沙達德 (Sheddad)

感謝我主要兩位顧問，物理學家迪亞哥 · 尤拉多 (Diego Jurado) 和卡里斯 · 穆納茲 (Carles Muñoz) 為這本書（西文版）校對。

感謝朱莉婭 · 胡拉多 · 阿勒曼尼 (Júlia Jurado Alemany)，感謝她的遠見以及幫助我看到盲點。

感謝馬里奧娜 · 埃斯奎爾達 · 休塔 (Mariona Esquerda Ciutat)，感謝她在她的頻道《馬克士威的惡魔們》(Maxwell's Demons) 上發表的評論和精彩的教育影片。

感謝海倫娜 (Helena) 幫忙修訂文本，謝謝妳一直都在，以及當然，感謝因瑪 (Inma)、塔雷克 (Tarek) 和烏奈 (Unai)。我愛你們。

愛德華 (Eduard)

非常感謝讓這本書成為可能的人們，特別感謝梅里 (Meli)，還有佩雷 (Pere)、盧爾德斯 (Lourdes) 以及阿里亞德納 (Ariadna) 長久以來的支持和無限耐心。

還要感謝我的試讀版讀者哈維 · 維拉紐瓦 (Xavi Villanueva) 和皮庫 · 奧姆斯 (Picu Oms)，他們讓這本書更完美。

致麥可 · 法拉第 (Michael Faraday)、米利都的賽利斯 (Thales of Miletus)、班傑明 · 富蘭克林 (Benjamin Franklin)、詹姆士 · 克拉克 · 馬克士威 (James Clerk Maxwell)……感謝所有不論是過去、現在還是未來的科學家，他們的工作將會使我們走得更遠。